JIKKYO NOTEBOOK

JN060427

スパイラル数学C　学習ノート

【ベクトル】

　本書は，実教出版発行の問題集「スパイラル数学C」の1章「ベクトル」の全例題と全問題を掲載した書き込み式のノートです。本書をノートのように学習していくことで，数学の実力を身につけることができます。

　また，実教出版発行の教科書「新編数学C」に対応する問題には，教科書の該当ページを示してあります。教科書を参考にしながら問題を解くことによって，学習の効果がより一層高まります。

目　次

1節　平面上のベクトル

◈1 ベクトルとその意味

SPIRAL A

*1 右の図のように，正方形 ABCD の辺 AB，BC，CD，DA の中点を，それぞれ E，F，G，H とする。このとき，次の①〜⑧のベクトルのうちから，□ に当てはまるものを1つ選べ。　▶教 p.5 例1

① $\overrightarrow{AB}$　② $\overrightarrow{BH}$　③ $\overrightarrow{CH}$　④ $\overrightarrow{DE}$
⑤ $\overrightarrow{EG}$　⑥ $\overrightarrow{FE}$　⑦ $\overrightarrow{GF}$　⑧ $\overrightarrow{HC}$

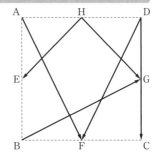

(1) $\overrightarrow{AF}$ と □ は等しいベクトルである。　(2) $\overrightarrow{DF}$ の逆ベクトルは □ である。

(3) $\overrightarrow{DC}$ と □ は等しいベクトルである。　(4) $\overrightarrow{HE}$ と □ は等しいベクトルである。

(5) $\boxed{}$ の逆ベクトルは $\overrightarrow{\mathrm{BG}}$ である。 　　(6) $-\overrightarrow{\mathrm{HG}}$ と $\boxed{}$ は等しいベクトルである。

2 右の図において，次のようなベクトルの組をすべて求めよ。　　▶教p.5 例1

(1) 互いに等しいベクトル

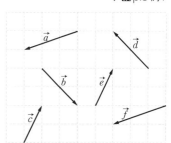

(2) 互いに逆ベクトルであるもの

❖2 ベクトルの演算(1)

SPIRAL A

3 下の図の(1)~(6)において，$\vec{a} + \vec{b}$ を図示せよ。　　　　　　　▶教 p.6 例2

*(1)
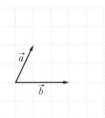

*(2)
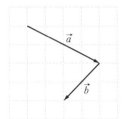

*(3)
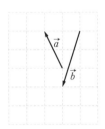

(4)
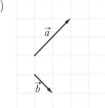

(5)
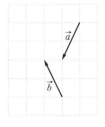

(6)
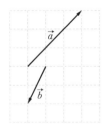

4 下の図の(1)~(6)において，$\vec{a}-\vec{b}$ を図示せよ。 ▶教 p.8 例3

*(1)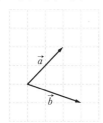

*(2)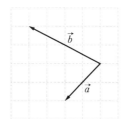

(3)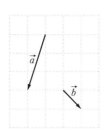

*(4)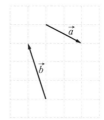

(5)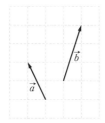

(6)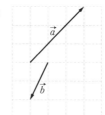

5 下の図のベクトル $\vec{a}$, $\vec{b}$ について，次のベクトルを図示せよ。 ▶數p.9 例4

*(1) $3\vec{a}$

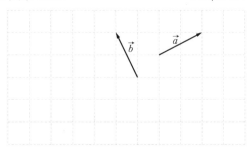

*(2) $-2\vec{b}$

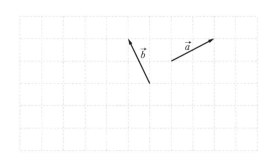

(3) $3\vec{a} + \vec{b}$

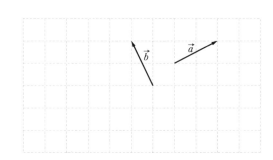

(4) $\vec{a} - 2\vec{b}$

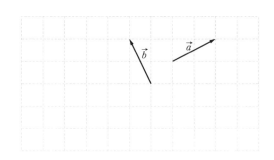

6 次の計算をせよ。 ▶教 p.10 例5

(1) $2\vec{a} + 3\vec{a} - 4\vec{a}$

*(2) $3\vec{a} - 8\vec{b} - \vec{a} + 4\vec{b}$

(3) $3(\vec{a} - 4\vec{b}) + 2(2\vec{a} + 3\vec{b})$

*(4) $5(\vec{a} - \vec{b}) - 2(\vec{a} - 5\vec{b})$

2 ベクトルの演算(2)

SPIRAL A

*7 下の図のベクトルはいずれも $\vec{a}$ に平行である。このとき, $\vec{b}$, $\vec{c}$, $\vec{d}$ を $\vec{a}$ を用いて表せ。 ▶教p.11 例6

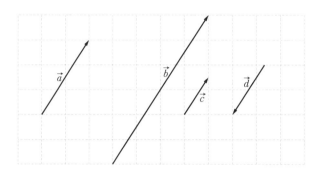

8 右の図の平行四辺形 ABCD において, 辺 AB, BC, CD, DA の中点をそれぞれ E, F, G, H とし, $\overrightarrow{AB} = \vec{a}$, $\overrightarrow{AD} = \vec{b}$ とするとき, 次のベクトルを $\vec{a}$, $\vec{b}$ で表せ。 ▶教p.12

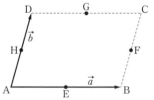

*(1) $\overrightarrow{DH}$

(2) $\overrightarrow{AC}$

*(3) $\overrightarrow{AG}$

(4) $\overrightarrow{AF}$

*(5) $\overrightarrow{FE}$

(6) $\overrightarrow{FG}$

9 右の図の △OAB の辺 OA，AB，BO の中点を，それぞれ P，Q，R と
し，$\overrightarrow{OA} = \vec{a}$，$\overrightarrow{OB} = \vec{b}$ とするとき，次のベクトルを $\vec{a}$，$\vec{b}$ で表せ。

▶p.12

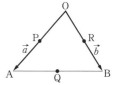

*(1) $\overrightarrow{PR}$

(2) $\overrightarrow{OQ}$

*(3) $\overrightarrow{PB}$

(4) $\overrightarrow{AR}$

*(5) $\overrightarrow{RP} + \overrightarrow{QP}$

(6) $\overrightarrow{BP} + \overrightarrow{QR}$

10 右の図の正方形 ABCD において，対角線の交点を O，辺 CD の中点を E，$\overrightarrow{AB} = \vec{a}$，$\overrightarrow{AD} = \vec{b}$ とするとき，次のベクトルを $\vec{a}$，$\vec{b}$ で表せ。

▶教p.12

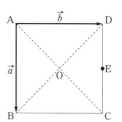

(1) $\overrightarrow{DO}$

*(2) $\overrightarrow{OA}$

*(3) $\overrightarrow{AE}$

(4) $\overrightarrow{BE}$

*(5) $\overrightarrow{OB} + \overrightarrow{OC}$

(6) $\overrightarrow{EB} + \overrightarrow{OC}$

11 右の図の正六角形 ABCDEF において，対角線の交点を O とし，$\overrightarrow{AB} = \vec{a}$，$\overrightarrow{BC} = \vec{b}$ とするとき，次のベクトルを $\vec{a}$，$\vec{b}$ で表せ。

▶教 p.13 例題1

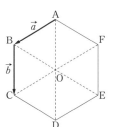

(1) $\overrightarrow{AC}$ *(2) $\overrightarrow{FC}$

(3) $\overrightarrow{AF}$ *(4) $\overrightarrow{EO}$

(5) $\overrightarrow{BD}$ *(6) $\overrightarrow{CE}$

12 $\vec{0}$ でない 2 つのベクトル $\vec{a}$, $\vec{b}$ が平行でないとき，次の等式を満たす x, y の値を求めよ。

▶教p.13例7

*(1)　$3\vec{a} + x\vec{b} = y\vec{a} - 4\vec{b}$

(2)　$(2x-5)\vec{a} + (4-3y)\vec{b} = \vec{a} - 2\vec{b}$

*(3)　$(x-1)\vec{a} + 3\vec{b} = -3\vec{a} + (y+1)\vec{b}$

(4)　$(2x-4)\vec{a} + (x-2y)\vec{b} = \vec{0}$

*(5)　$(4x+y)\vec{a} + (x-2y)\vec{b} = \vec{a} + 7\vec{b}$

(6)　$(2x+y)\vec{a} + (x-y+1)\vec{b} = \vec{0}$

13 $\vec{0}$ でない 2 つのベクトル $\vec{a}$, $\vec{b}$ が平行でないとき，次の 2 つのベクトル $\vec{p}$, $\vec{q}$ が平行になるように，x の値を定めよ。

*(1) $\vec{p} = 2\vec{a} - 3\vec{b}$, $\vec{q} = -6\vec{a} + x\vec{b}$

(2) $\vec{p} = -3\vec{a} + 4\vec{b}$, $\vec{q} = x\vec{a} + 2\vec{b}$

14 次の等式を満たすベクトル $\vec{x}$, $\vec{y}$ を $\vec{a}$, $\vec{b}$ で表せ。

*(1) $\begin{cases} 2\vec{x} + \vec{y} = 3\vec{a} \\ 3\vec{x} - \vec{y} = 2\vec{b} \end{cases}$

(2) $\begin{cases} 2\vec{x} - 3\vec{y} = \vec{a} + \vec{b} \\ \vec{x} - \vec{y} = \vec{a} - \vec{b} \end{cases}$

15 右の図の平行四辺形 OABC において，対角線の交点を D，辺 OA，AB，BC，CO の中点をそれぞれ E，F，G，H とし，$\overrightarrow{OA} = \vec{a}$，$\overrightarrow{OB} = \vec{b}$ とするとき，次のベクトルを $\vec{a}$，$\vec{b}$ で表せ。　　▶敎p.12

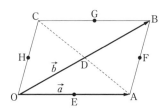

*(1)　$\overrightarrow{DH}$

(2)　$\overrightarrow{AF}$

*(3)　$\overrightarrow{AG}$

(4)　$\overrightarrow{AC}$

*(5)　$\overrightarrow{FE}$

(6)　$\overrightarrow{FG}$

*(7)　$\overrightarrow{OF}$

(8)　$\overrightarrow{HA}$

16 右の図の正六角形 ABCDEF において，対角線の交点を O とし，$\overrightarrow{AB} = \vec{a}$，$\overrightarrow{AC} = \vec{b}$ とするとき，次のベクトルを $\vec{a}$，$\vec{b}$ で表せ。

▶教 p.13 例題1

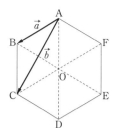

(1) $\overrightarrow{FC}$

*(2) $\overrightarrow{OD}$

(3) $\overrightarrow{AF}$

*(4) $\overrightarrow{BD}$

(5) $\overrightarrow{EA}$

*(6) $\overrightarrow{CE}$

3 ベクトルの成分

SPIRAL A

*17 右の図のベクトル

$\vec{a},\ \vec{b},\ \vec{c},\ \vec{d},\ \vec{e},\ \vec{f}$

について，それぞれ成分表示せよ。

また，その大きさを求めよ。 ▶教p.15例8, 9

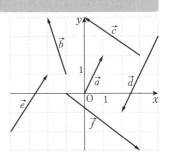

18 $\vec{a} = (-3,\ 1),\ \vec{b} = (4,\ 2)$ のとき，次のベクトルを成分表示せよ。 ▶教p.16例10

*(1)　$3\vec{a}$

(2)　$-2\vec{b}$

*(3)　$\vec{a} + 2\vec{b}$

(4)　$2\vec{b} - 3\vec{a}$

*(5)　$2(\vec{a} - \vec{b}) + 3(\vec{a} + \vec{b})$

(6)　$2(3\vec{a} + 4\vec{b}) - 5(\vec{a} + 2\vec{b})$

19 次の2つのベクトルが平行になるような x の値を求めよ。 ▶教p.17例11

(1)　$\vec{a} = (-2,\ 1),\ \vec{b} = (-1,\ x)$

(2)　$\vec{a} = (x,\ 2),\ \vec{b} = (6,\ 10)$

*20 $\vec{a} = (2,\ 3)$ に平行で, 大きさが $3\sqrt{13}$ であるベクトルを求めよ。 ▶教p.17例題2

21 $\vec{a} = (4,\ -3)$ と同じ向きの単位ベクトルを求めよ。 ▶教p.17

22 次の $\vec{a}$, $\vec{b}$, $\vec{p}$ について, $\vec{p}$ を $m\vec{a}+n\vec{b}$ の形で表せ。 ▶教 p.18 例題3

*(1) $\vec{a}=(2,\ 1)$, $\vec{b}=(-1,\ 3)$, $\vec{p}=(-7,\ 7)$

(2) $\vec{a}=(-3,\ 2)$, $\vec{b}=(2,\ -1)$, $\vec{p}=(-3,\ 4)$

(3) $\vec{a}=(1,\ 2)$, $\vec{b}=(-2,\ 3)$, $\vec{p}=(5,\ 3)$

*23 3点 A(2, 0), B(−1, 5), C(−3, 2) について, $\overrightarrow{AB}$, $\overrightarrow{BC}$, $\overrightarrow{CA}$ をそれぞれ成分表示せよ。
また, $|\overrightarrow{AB}|$, $|\overrightarrow{BC}|$, $|\overrightarrow{CA}|$ を求めよ。 ▶教p.19例12

24 4点 A(2, 3), B(x, 1), C(−3, 4), D(0, y) について, $\overrightarrow{AB} = \overrightarrow{CD}$ が成り立つとき, x,
yの値を求めよ。 ▶教p.19

*25 4点 A(2, -1), B(7, 2), C(x, 5), D(-2, y) を頂点とする四角形 ABCD が平行四辺形となるように, x, yの値を定めよ。 ▶敎p.19例題4

SPIRAL B

*26 $\vec{a} = (-2,\ 4)$, $\vec{b} = (1,\ -3)$ のとき, 等式 $2(\vec{a} + 3\vec{b}) = -3\vec{a} + 2\vec{x}$ を満たす $\vec{x}$ を成分表示せよ。

27 $\vec{a} = (x,\ 2)$, $\vec{b} = (1,\ y)$ とする。等式 $\vec{a} + 2\vec{b} = 3\vec{a} - 2\vec{b}$ が成り立つとき, $x,\ y$ の値を求めよ。

28 $\vec{a} = (3,\ 4)$, $\vec{b} = (1,\ -2)$, $\vec{c} = (-3,\ 1)$ のとき, $\vec{a} + t\vec{b}$ と $\vec{c}$ が平行となるように, t の値を定めよ。

SPIRAL C

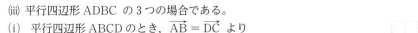

ベクトルと平行四辺形

例題 1　4 点 A(2, 1)，B(4, 5)，C(0, 4)，D(x, y) が平行四辺形の頂点となるように，

x, y の値を定めよ。

解　4 点 A，B，C，D が平行四辺形の頂点となるのは，(i) 平行四辺形 ABCD，(ii) 平行四辺形 ABDC，

(iii) 平行四辺形 ADBC の 3 つの場合である。

(i)　平行四辺形 ABCD のとき，$\overrightarrow{AB} = \overrightarrow{DC}$ より

$\quad (4-2,\ 5-1) = (0-x,\ 4-y)$

$\qquad (2,\ 4) = (-x,\ 4-y)$

$\qquad 2 = -x,\ 4 = 4-y$

よって　$\boldsymbol{x = -2,\ y = 0}$ 答

(ii)　平行四辺形 ABDC のとき，$\overrightarrow{AB} = \overrightarrow{CD}$ より

$\quad (4-2,\ 5-1) = (x-0,\ y-4)$

$\qquad (2,\ 4) = (x,\ y-4)$

$\qquad 2 = x,\ 4 = y-4$

よって　$\boldsymbol{x = 2,\ y = 8}$ 答

(iii)　平行四辺形 ADBC のとき，$\overrightarrow{AD} = \overrightarrow{CB}$ より

$\quad (x-2,\ y-1) = (4-0,\ 5-4)$

$\quad (x-2,\ y-1) = (4,\ 1)$

$\quad x-2 = 4,\ y-1 = 1$

よって　$\boldsymbol{x = 6,\ y = 2}$ 答

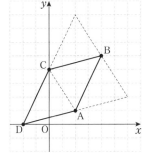

29 4 点 A(1, 2)，B(-3, -4)，C(5, -2)，D(x, y) が平行四辺形の頂点となるように，x, y の値を定めよ。

例題 2

$\vec{a} = (3,\ 2)$, $\vec{b} = (1,\ 3)$ とする。t がすべての実数をとって変化するとき、$|\vec{a} + t\vec{b}|$ の最小値とそのときの t の値を求めよ。

▶國 p.67 章末2

解

$\vec{a} + t\vec{b} = (3,\ 2) + t(1,\ 3) = (3+t,\ 2+3t)$ であるから

$$|\vec{a} + t\vec{b}|^2 = (3+t)^2 + (2+3t)^2 = 10t^2 + 18t + 13 = 10\left(t + \frac{9}{10}\right)^2 + \frac{49}{10}$$

$|\vec{a} + t\vec{b}|^2$ が最小のとき、$|\vec{a} + t\vec{b}|$ も最小になる。

よって、$|\vec{a} + t\vec{b}|$ は $t = -\dfrac{9}{10}$ のとき、最小値 $\dfrac{7\sqrt{10}}{10}$ をとる。　**答**

*30　$\vec{a} = (2,\ 1)$, $\vec{b} = (-3,\ 2)$ とする。t がすべての実数をとって変化するとき、$|\vec{a} + t\vec{b}|$ の最小値とそのときの t の値を求めよ。

4 ベクトルの内積

SPIRAL A

*31 次の場合について，内積 $\vec{a} \cdot \vec{b}$ を求めよ。ただし，θ は 2 つのベクトル $\vec{a}$ と $\vec{b}$ のなす角である。 ▶教p.20

(1) $|\vec{a}| = 2$, $|\vec{b}| = \sqrt{2}$, $\theta = 45°$ 　　　(2) $|\vec{a}| = 1$, $|\vec{b}| = 5$, $\theta = 150°$

32 右の図の △ABC において，次の内積を求めよ。 ▶教p.20例13

*(1) $\overrightarrow{CA} \cdot \overrightarrow{CB}$

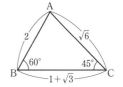

(2) $\overrightarrow{BA} \cdot \overrightarrow{BC}$

*(3) $\overrightarrow{AB} \cdot \overrightarrow{BC}$

33 次のベクトル $\vec{a}$, $\vec{b}$ の内積を求めよ。　　　　　　　　　　　　▶教p.21 例14

(1) $\vec{a} = (4, -3)$, $\vec{b} = (3, 2)$ 　　　　　　*(2) $\vec{a} = (1, -3)$, $\vec{b} = (5, -6)$

(3) $\vec{a} = (3, 4)$, $\vec{b} = (-8, 6)$ 　　　　　*(4) $\vec{a} = (1, -\sqrt{2})$, $\vec{b} = (\sqrt{2}, -3)$

34 次の条件を満たす 2 つのベクトル $\vec{a}$ と $\vec{b}$ のなす角 θ を求めよ。　　　▶教p.22

*(1) $|\vec{a}| = 3$, $|\vec{b}| = 4$, $\vec{a} \cdot \vec{b} = 6$

(2) $|\vec{a}| = \sqrt{2}$, $|\vec{b}| = \sqrt{5}$, $\vec{a} \cdot \vec{b} = 0$

35 次の 2 つのベクトル $\vec{a}$ と $\vec{b}$ のなす角 θ を求めよ。 ▶教 p.22 例題5

*(1) $\vec{a} = (3, -1), \vec{b} = (-1, 2)$ 　　　　(2) $\vec{a} = (\sqrt{3}, 3), \vec{b} = (\sqrt{3}, 1)$

*(3) $\vec{a} = (3, 2), \vec{b} = (-6, 9)$ 　　　　(4) $\vec{a} = (\sqrt{3}+1, \sqrt{3}-1), \vec{b} = (-2, 2)$

36 次の 2 つのベクトル $\vec{a}, \vec{b}$ が垂直となるような x の値を求めよ。 ▶教 p.23 例15

(1) $\vec{a} = (6, -1), \vec{b} = (x, 4)$

(2) $\vec{a} = (x, 3), \vec{b} = (5, x-6)$

37 次の等式が成り立つことを証明せよ。 ▶教 p.26 例題6

*(1) $(\vec{a} + 2\vec{b}) \cdot (\vec{a} - 2\vec{b}) = |\vec{a}|^2 - 4|\vec{b}|^2$

(2) $|3\vec{a} + 2\vec{b}|^2 = 9|\vec{a}|^2 + 12\vec{a} \cdot \vec{b} + 4|\vec{b}|^2$

SPIRAL B

38 次の問いに答えよ。

(1) $\vec{a} = (-x, \sqrt{3})$, $\vec{b} = (x, \sqrt{3})$ のとき, $\vec{a}$ と $\vec{b}$ のなす角が $60°$ になるような x の値を求めよ。

(2) $\vec{a} = (2, -3)$, $\vec{b} = (x, 4)$ のとき, $\vec{a} + \vec{b}$ と $3\vec{a} + \vec{b}$ が垂直となるような x の値を求めよ。

*39 $\vec{a} = (5,\ \sqrt{2}\,)$ に垂直で，大きさが 9 であるベクトルを求めよ。　▶教 p.24 応用例題1

40 $\vec{a} = (4,\ -3)$ に垂直な単位ベクトルを求めよ。　▶教 p.24 応用例題1

41 $|\vec{a}| = 3$, $|\vec{b}| = 1$, $\vec{a} \cdot \vec{b} = 2$ のとき，次の値を求めよ。 ▶圏 p.26 応用例題2

*(1) $|\vec{a} - \vec{b}|$

(2) $|\vec{a} + 3\vec{b}|$

42 $\vec{a}$ と $\vec{b}$ のなす角が $45°$ で, $|\vec{a}| = \sqrt{2}$, $|\vec{b}| = 3$ のとき, $|\vec{a} + 2\vec{b}|$ の値を求めよ。

*43 $|\vec{a}| = 1$, $|\vec{b}| = 4$, $|2\vec{a} + \vec{b}| = 5$ のとき, $\vec{a} \cdot \vec{b}$ の値を求めよ。　　　　▶️教 p.26 応用例題2

例題 3　$|\vec{a}| = 3$, $|\vec{b}| = 4$, $|\vec{a} + \vec{b}| = \sqrt{13}$ であるとき，ベクトル $\vec{a}$ と $\vec{b}$ のなす角 θ を求めよ。

解　$|\vec{a} + \vec{b}| = \sqrt{13}$ より

$$|\vec{a} + \vec{b}|^2 = (\sqrt{13})^2$$
$$(\vec{a} + \vec{b}) \cdot (\vec{a} + \vec{b}) = 13$$
$$\vec{a} \cdot \vec{a} + \vec{a} \cdot \vec{b} + \vec{b} \cdot \vec{a} + \vec{b} \cdot \vec{b} = 13$$
$$|\vec{a}|^2 + 2\vec{a} \cdot \vec{b} + |\vec{b}|^2 = 13$$
$$3^2 + 2\vec{a} \cdot \vec{b} + 4^2 = 13$$
$$\vec{a} \cdot \vec{b} = -6$$

よって　$\cos\theta = \dfrac{\vec{a} \cdot \vec{b}}{|\vec{a}||\vec{b}|} = \dfrac{-6}{3 \times 4} = -\dfrac{1}{2}$

したがって，$0° \leqq \theta \leqq 180°$ より　$\theta = 120°$　答

44　次の条件を満たすベクトル $\vec{a}$ と $\vec{b}$ のなす角 θ を求めよ。

*(1)　$|\vec{a}| = 2$, $|\vec{b}| = 3$, $|\vec{a} - \vec{b}| = \sqrt{7}$　　　　(2)　$|\vec{a} + \vec{b}| = |\vec{a} - \vec{b}|$

例題 4	2 つのベクトル $\vec{a}$ と $\vec{b}$ が $|\vec{a}| = 3$, $|\vec{b}| = 2$, $|\vec{a} - 2\vec{b}| = 1$ を満たすとき，内積 $(2\vec{a} - 3\vec{b}) \cdot (\vec{a} + \vec{b})$ の値を求めよ。

解

$|\vec{a} - 2\vec{b}|^2 = (\vec{a} - 2\vec{b}) \cdot (\vec{a} - 2\vec{b}) = |\vec{a}|^2 - 4\vec{a} \cdot \vec{b} + 4|\vec{b}|^2$

ここで，$|\vec{a}| = 3$, $|\vec{b}| = 2$, $|\vec{a} - 2\vec{b}| = 1$ より $\quad 1^2 = 3^2 - 4\vec{a} \cdot \vec{b} + 4 \times 2^2$

ゆえに $\quad \vec{a} \cdot \vec{b} = 6$

よって $\quad (2\vec{a} - 3\vec{b}) \cdot (\vec{a} + \vec{b}) = 2|\vec{a}|^2 - \vec{a} \cdot \vec{b} - 3|\vec{b}|^2 = 2 \times 3^2 - 6 - 3 \times 2^2 = 0$ 答

*45 2 つのベクトル $\vec{a}$ と $\vec{b}$ が $|\vec{a}| = 2$, $|\vec{b}| = 1$, $|\vec{a} + 2\vec{b}| = 3$ を満たすとき，内積 $(2\vec{a} + 3\vec{b}) \cdot (\vec{a} - \vec{b})$ の値を求めよ。

46　2つのベクトル $\vec{a}$ と $\vec{b}$ が $|\vec{a}| = 2$, $|\vec{b}| = 3$, $\vec{a} \cdot \vec{b} = -1$ を満たすとき, $\vec{a} + \vec{b}$ と $\vec{a} + t\vec{b}$ が垂直となるように, t の値を定めよ。

思考力 _{PLUS} 三角形の面積

SPIRAL C

───三角形の面積

例題 5

3点 A$(-2, -3)$, B$(5, 1)$, C$(1, 3)$ について, 次の問いに答えよ.

(1) ベクトル $\overrightarrow{AB}$, $\overrightarrow{AC}$ のなす角を θ とするとき, $\cos\theta$ の値を求めよ.

(2) $\triangle ABC$ の面積 S を求めよ.

▶教 p.28

解

(1) $\overrightarrow{AB} = (7, 4)$, $\overrightarrow{AC} = (3, 6)$ より

$$\cos\theta = \frac{7 \times 3 + 4 \times 6}{\sqrt{7^2 + 4^2} \times \sqrt{3^2 + 6^2}} = \frac{45}{\sqrt{65} \times 3\sqrt{5}} = \frac{3}{\sqrt{13}} \quad \text{答}$$

(2) $\sin^2\theta + \cos^2\theta = 1$ より

$$\sin^2\theta = 1 - \cos^2\theta = 1 - \frac{9}{13} = \frac{4}{13}$$

ここで, $0° \leqq \theta \leqq 180°$ であるから $\sin\theta \geqq 0$

よって $\sin\theta = \dfrac{2}{\sqrt{13}}$

したがって $S = \dfrac{1}{2} \times AB \times AC \times \sin\theta = \dfrac{1}{2} \times \sqrt{65} \times 3\sqrt{5} \times \dfrac{2}{\sqrt{13}} = \mathbf{15}$ 答

別解1

(2) $S = \dfrac{1}{2}\sqrt{|\overrightarrow{AB}|^2|\overrightarrow{AC}|^2 - (\overrightarrow{AB} \cdot \overrightarrow{AC})^2} = \dfrac{1}{2}\sqrt{65 \times 45 - 45^2} = \dfrac{1}{2} \times 30 = \mathbf{15}$ 答

別解2

(2) $S = \dfrac{1}{2}|7 \times 6 - 4 \times 3| = \dfrac{1}{2} \times 30 = \mathbf{15}$ 答

---

47 3点 A$(1, 2)$, B$(2, 0)$, C$(4, 3)$ について, 次の問いに答えよ.

(1) ベクトル $\overrightarrow{AB}$, $\overrightarrow{AC}$ のなす角を θ とするとき, $\cos\theta$ の値を求めよ.

(2) $\triangle ABC$ の面積 S を求めよ.

48 次の 3 点を頂点とする △ABC の面積 S を求めよ。 ▶教 p.28 例1

(1) A(0, 0), B(4, 1), C(2, 3)

(2) A(1, 1), B(4, −1), C(−1, −3)

2節　ベクトルの応用

÷1　位置ベクトル　　　　　**÷2　ベクトルの図形への応用**

SPIRAL A

*49　2点 A($\vec{a}$), B($\vec{b}$) に対して，線分 AB を 3:4 に内分する点を P($\vec{p}$)，線分 AB を 5:2 に外分する点を Q($\vec{q}$) とするとき，$\vec{p}$, $\vec{q}$ を $\vec{a}$, $\vec{b}$ で表せ。　　　▶國p.31例1

50　△ABC において，点Aを基準とする点B，C の位置ベクトルを $\vec{b}$，$\vec{c}$ とする。辺 BC, CA, AB を 1:3 に内分する点をそれぞれ L($\vec{l}$)，M($\vec{m}$)，N($\vec{n}$) とするとき，$\vec{l}$, $\vec{m}$, $\vec{n}$ を $\vec{b}$, $\vec{c}$ で表せ。　▶國p.34例2

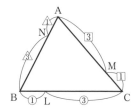

*51　次の図の2点 A，B において，次の関係が成り立つような点 C，D の位置を図示せよ。

(1)　$3\overrightarrow{AB} = \overrightarrow{BC}$

(2)　$\overrightarrow{AD} = \dfrac{3}{2}\overrightarrow{AB}$　　　▶國p.34例2

52 次の3点が一直線上にあるような x, y の値を求めよ。　　　　　　　　　▶教p.34

*(1)　A(3, 2), B(9, 6), C(x, −2)　　　　　　　(2)　A(−2, y), B(10, −1), C(2, 1)

SPIRAL B

53　3点 A($\vec{a}$), B($\vec{b}$), C($\vec{c}$) を頂点とする △ABC の辺 BC, CA, AB を 3:2 に内分する点を
それぞれ L($\vec{l}$), M($\vec{m}$), N($\vec{n}$) とする。このとき，次の問いに答えよ。　　▶教p.33応用例題1

*(1)　$\vec{l}$, $\vec{m}$, $\vec{n}$ をそれぞれ $\vec{a}$, $\vec{b}$, $\vec{c}$ で表せ。

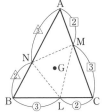

(2) △LMN の重心 G の位置ベクトル $\vec{g}$ を $\vec{a}$, $\vec{b}$, $\vec{c}$ で表せ。

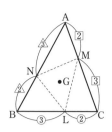

(3) 等式 $\overrightarrow{AL} + \overrightarrow{BM} + \overrightarrow{CN} = \vec{0}$ が成り立つことを示せ。

*54 平行四辺形 ABCD において，辺 AB を 2 : 1 に内分する点を P，対角線 AC を 1 : 3 に内分する点を Q，辺 AD を 2 : 3 に内分する点を R とする。このとき，3 点 P，Q，R は一直線上にあることを示せ。

▶ 教 p.35 応用例題2

*55 △ABC において，辺 AB を 1：2 に内分する点を D，辺 AC の中点を E，辺 BC を 2：1 に外分する点を F とする。このとき，3 点 D，E，F は一直線上にあることを示せ。

▶教 p.35 応用例題2

*56 △OAB において，辺 OA の中点を L，辺 OB を 1:2 に内分する点を M とし，AM と BL の交点を P とする。$\overrightarrow{OA} = \vec{a}$，$\overrightarrow{OB} = \vec{b}$ とするとき，$\overrightarrow{OP}$ を $\vec{a}$，$\vec{b}$ で表せ。　　　　▶教p.36応用例題3

44

57 △OAB において，辺 OA を $3:2$ に内分する点を L，辺 OB を $2:1$ に内分する点を M とし，AM と BL の交点を P とする。$\overrightarrow{OA} = \vec{a}$，$\overrightarrow{OB} = \vec{b}$ とするとき，$\overrightarrow{OP}$ を $\vec{a}$，$\vec{b}$ で表せ。

▶教 p.36 応用例題3

*58 ∠A = 90° の直角三角形 ABC において，辺 BC を 2:1 に内分する点を P，辺 AC の中点をQとするとき，AP ⊥ BQ ならば AB = AC となることをベクトルを用いて証明せよ。

▶教 p.37 応用例題4

46

SPIRAL C

点Pの位置

例題 **6** △ABC と点 P に対し，$2\overrightarrow{AP}+3\overrightarrow{BP}+\overrightarrow{CP}=\vec{0}$ が成り立つとき，次の問いに答えよ。

(1) 点 P は △ABC においてどのような位置にあるか。

(2) 面積比 △PAB：△PBC：△PCA を求めよ。

▶教 p.68 章末8

解 (1) $2\overrightarrow{AP}+3\overrightarrow{BP}+\overrightarrow{CP}=\vec{0}$ より

$$2\overrightarrow{AP}+3(\overrightarrow{AP}-\overrightarrow{AB})+(\overrightarrow{AP}-\overrightarrow{AC})=\vec{0}$$
$$6\overrightarrow{AP}=3\overrightarrow{AB}+\overrightarrow{AC}$$

よって

$$\overrightarrow{AP}=\frac{3\overrightarrow{AB}+\overrightarrow{AC}}{6}=\frac{2}{3}\cdot\frac{3\overrightarrow{AB}+\overrightarrow{AC}}{4}$$

ここで，辺 BC を $1:3$ に内分する点を D とすると，$\overrightarrow{AD}=\dfrac{3\overrightarrow{AB}+\overrightarrow{AC}}{4}$ であるから

$$\overrightarrow{AP}=\frac{2}{3}\overrightarrow{AD}$$

したがって，辺 BC を $1:3$ に内分する点を D とするとき，

点 P は線分 AD を $2:1$ に内分する点である。 答

(2) △ABC の面積を S とおくと，BD：DC $=1:3$ であるから

$$\triangle ADB=\frac{1}{4}S,\quad \triangle ADC=\frac{3}{4}S$$

AP：PD $=2:1$ であるから

$$\triangle PAB=\frac{2}{3}\triangle ADB=\frac{2}{3}\cdot\frac{1}{4}S=\frac{1}{6}S,\quad \triangle PCA=\frac{2}{3}\triangle ADC=\frac{2}{3}\cdot\frac{3}{4}S=\frac{1}{2}S$$

$$\triangle PBC=S-\frac{1}{6}S-\frac{1}{2}S=\frac{1}{3}S$$

よって，△PAB：△PBC：△PCA $=\dfrac{1}{6}S:\dfrac{1}{3}S:\dfrac{1}{2}S=\mathbf{1:2:3}$ 答

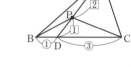

59 △ABC と点 P に対し, $2\overrightarrow{\mathrm{AP}} + 3\overrightarrow{\mathrm{BP}} + 4\overrightarrow{\mathrm{CP}} = \overrightarrow{0}$ が成り立つとき, 次の問いに答えよ。

(1) 点 P は △ABC においてどのような位置にあるか。

(2) 面積比 △PAB : △PBC : △PCA を求めよ。

∴3 ベクトル方程式

SPIRAL A

*60 点 A($\vec{a}$) を通り，ベクトル $\vec{u}$ に平行な直線 l のベクトル方程式 $\vec{p} = \vec{a} + t\vec{u}$ において，次の t の値に対する点 P の位置を図示せよ。　▶教 p.38 例3

(1) $t = 3$ (2) $t = -2$

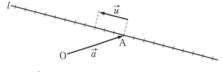   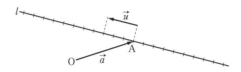

(3) $t = \dfrac{2}{3}$

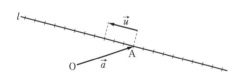

*61 次の点 A を通り，方向ベクトル $\vec{u}$ に平行な直線の方程式を，媒介変数 t を用いて媒介変数表示せよ。また，t を消去した方程式を求めよ。　▶教 p.39 例4

(1) A(2, 3), $\vec{u} = (-1, 2)$ (2) A(5, 0), $\vec{u} = (3, -4)$

62　2点 A($\vec{a}$)，B($\vec{b}$) を通る直線 l のベクトル方程式 $\vec{p}=(1-t)\vec{a}+t\vec{b}$ において，$t=-2$, $\dfrac{1}{4}$, $\dfrac{3}{2}$ に対応する点C，D，Eをそれぞれ図示せよ。　　　▶教 p.40 例5

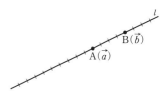

*63　次の問いに答えよ。　　　▶教 p.42 例6

(1)　点 A(2, 4) を通り，$\vec{n}=(3, 2)$ に垂直な直線の方程式を求めよ。

(2)　直線 $3x-4y+5=0$ に垂直なベクトルを1つ求めよ。

50

64 点 O を基準とする点 A の位置ベクトルを $\vec{a}$ とするとき，次のベクトル方程式で表される円の中心の位置ベクトルと半径を求めよ。 ▶教p.43例7

(1) $|\vec{p}+\vec{a}| = 4$　　　　　　　(2) $|3\vec{p}-\vec{a}| = 27$

SPIRAL B

*65 2点 A(4, 5), B(6, 8) を通る直線を，媒介変数 t を用いて表せ。また，t を消去した方程式を求めよ。 ▶教p39, p.40

66 右の図のように，一直線上にない3点 O, A, B がある。実数 s, t が次
の条件を満たしながら変わるとき，

$$\overrightarrow{\text{OP}} = s\overrightarrow{\text{OA}} + t\overrightarrow{\text{OB}}$$

で定められる点 P の存在範囲をそれぞれ図示せよ。 ▶教p.41 応用例題5

(1) $s + t = 1$, $t \geqq 0$

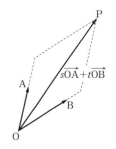

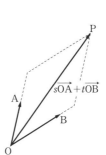

*(2) $s + t = 1$, $s \geqq 0$, $t \geqq 0$

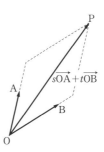

52

*(3) $s + t = 3$

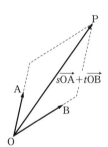

(4) $2s + 3t = 1$

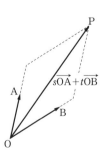

67 2点 A($\vec{a}$), B($\vec{b}$) を直径の両端とする円周上の任意の点を P($\vec{p}$) とするとき，次の問いに答えよ。

(1) $\vec{a}$, $\vec{b}$, $\vec{p}$ の間に成り立つ関係式を求めよ。

(2) (1)を用いて，2点 A(2, 6)，B(6, 8) を直径の両端とする円の方程式を求めよ。

68 原点 O と異なる定点 A に対して，動点 P があり，$\overrightarrow{\text{OA}} = \vec{a}$, $\overrightarrow{\text{OP}} = \vec{p}$ とする。$2\vec{a} \cdot \vec{p} = |\vec{a}||\vec{p}|$ が成り立つとき，点 P はどのような図形を描くか。

69 点 $\text{C}(\vec{c})$ を中心とする円周上の点 $\text{A}(\vec{a})$ における円の接線上の任意の点を $\text{P}(\vec{p})$ とする。このとき，次の問いに答えよ。

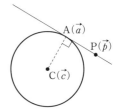

(1) この接線のベクトル方程式は
$$(\vec{p} - \vec{c}) \cdot (\vec{a} - \vec{c}) = |\vec{a} - \vec{c}|^2$$
と表されることを示せ。

(2) 点 C(2, 1) を中心とする円周上の点 A(−1, 5) における接線の方程式を，(1)のベクトル方程式を利用して求めよ。

SPIRAL C

例題 7 │ △OAB において，次の式を満たす点 P の存在範囲を図示せよ。

$$\overrightarrow{\text{OP}} = s\overrightarrow{\text{OA}} + t\overrightarrow{\text{OB}} \quad (s + t \leqq 1,\ s \geqq 0,\ t \geqq 0)$$

ただし，$s,\ t$ は実数とする。

▶教 p.68 章末7

解 │ $s + t = k$ とおくと，$s + t \leqq 1,\ s \geqq 0,\ t \geqq 0$

$s = t = 0$ のとき

$\quad k = 0$ であるから，点 P は点 O と一致する。

$s \neq 0$ または $t \neq 0$ のとき

$\quad 0 < k \leqq 1$ より $\quad \dfrac{s}{k} + \dfrac{t}{k} = 1,\ \dfrac{s}{k} \geqq 0,\ \dfrac{t}{k} \geqq 0$

$\quad$ であるから $\quad \dfrac{s}{k} = s',\ \dfrac{t}{k} = t'$ とおくと

$$\overrightarrow{\text{OP}} = s\overrightarrow{\text{OA}} + t\overrightarrow{\text{OB}} = \frac{s}{k}(k\overrightarrow{\text{OA}}) + \frac{t}{k}(k\overrightarrow{\text{OB}}) = s'(k\overrightarrow{\text{OA}}) + t'(k\overrightarrow{\text{OB}})$$

$\overrightarrow{\text{OA}'} = k\overrightarrow{\text{OA}},\ \overrightarrow{\text{OB}'} = k\overrightarrow{\text{OB}}$ を満たす 2 点 A'，B' をとると

$\quad \overrightarrow{\text{OP}} = s'\overrightarrow{\text{OA}'} + t'\overrightarrow{\text{OB}'} \quad (s' + t' = 1,\ s' \geqq 0,\ t' \geqq 0)$

$\quad$ よって，点 P は線分 A'B' 上の点である。

したがって，k の値が 0 から 1 まで変化すると，A'B' // AB を保ちながら，

点 A' は，辺 OA 上を O から A まで動き，点 B' は，辺 OB 上を O から B まで動く。

ゆえに，点 P の存在範囲は，**上の図の △OAB の周および内部**である。　**答**

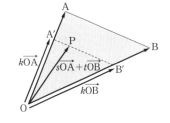

70 △OAB において，次の式を満たす点 P の存在範囲を図示せよ。

$$\overrightarrow{\text{OP}} = s\overrightarrow{\text{OA}} + t\overrightarrow{\text{OB}} \quad (s + t \leqq 2,\ s \geqq 0,\ t \geqq 0)$$

ただし，$s,\ t$ は実数とする。

3節　空間のベクトル

⁂1 空間の座標

SPIRAL A

71 点 P(4, 3, 2) に対して，次の点の座標を求めよ。　　　▶教p.46例1

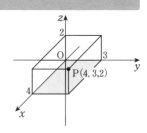

*(1)　xy 平面に関して対称な点 Q

(2)　yz 平面に関して対称な点 R

(3)　zx 平面に関して対称な点 S

*(4)　x 軸に関して対称な点 T

(5)　y 軸に関して対称な点 U

(6)　z 軸に関して対称な点 V

*(7)　原点に関して対称な点 W

72 右の図の直方体 OABC-RSPQ において，点 P の座標を
P(2, 3, 4) とするとき，原点 O と点 P 以外の各頂点の座標を求めよ。

▶教 p.46 例1

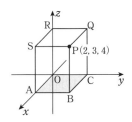

73 次の 2 点間の距離を求めよ。 ▶教 p.47 例2

*(1) P(1, 3, −1), Q(−2, 5, 1)

(2) P(3, −2, 5), Q(1, −1, 3)

*(3) O(0, 0, 0), P(1, 2, −3)

(4) O(0, 0, 0), P(2, −5, 4)

58

*74 3点 A(1, 4, 3), B(3, 1, 2), C(4, 4, 0) を頂点とする △ABC について, 次の問いに答えよ。

(1) 3辺の長さ AB, BC, CA を求めよ。　　(2) △ABC は二等辺三角形であることを示せ。

75 次の3点 A, B, C を頂点とする △ABC はどのような三角形か。

(1) A(0, 1, 2), B(3, 1, 5), C(6, 3, −1)

(2) A(0, 1, 1), B(2, 0, 3), C(1, 3, 1)

*76 3点 A$(2, -2, 2)$, B$(6, 4, -2)$, P$(x, 1, 0)$ がある。PA $=$ PB となる x の値を求めよ。

77 2点 A$(2, 1, 3)$, B$(3, 2, 4)$ から等距離にある x 軸上の点の座標を求めよ。

78 3点 A(1, 3, 2), B(3, −1, 2), C(−1, 2, 1) から等距離にある xy 平面上の点の座標を求めよ。

79 3点 O(0, 0, 0), A(0, 0, 4), B(2, k, 2) を頂点とする △OAB が正三角形になるように, k の値を定めよ。

80　正四面体 ABCD の 3 つの頂点が A(2, 3, 0)，B(4, 5, 0)，C(2, 5, 2) であるとき，頂点 D の座標を求めよ。

❖2 空間のベクトル(1)

SPIRAL A

81 直方体 ABCD-EFGH において，各頂点を始点，終点とする有向線分で表されるベクトルのうち，次のベクトルと等しいベクトルをすべて求めよ。

▶教p.48

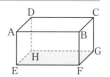

(1) $\overrightarrow{BC}$

(2) $\overrightarrow{GH}$

(3) $\overrightarrow{AC}$

(4) $\overrightarrow{DE}$

82 直方体 ABCD-EFGH において，次の等式が成り立つことを示せ。

▶教p.49例4

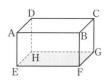

(1) $\overrightarrow{AC} + \overrightarrow{BF} = \overrightarrow{AG}$

(2) $\overrightarrow{AG} - \overrightarrow{EH} = \overrightarrow{AF}$

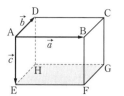

*83 直方体 ABCD–EFGH において

$\overrightarrow{AB} = \vec{a}$, $\overrightarrow{AD} = \vec{b}$, $\overrightarrow{AE} = \vec{c}$

とするとき，次のベクトルを $\vec{a}$, $\vec{b}$, $\vec{c}$ で表せ。　　▶教 p.49 例5

(1) $\overrightarrow{BD}$　　　　　　　　　　　　　　(2) $\overrightarrow{DG}$

(3) $\overrightarrow{CF}$　　　　　　　　　　　　　　(4) $\overrightarrow{EG}$

(5) $\overrightarrow{BH}$　　　　　　　　　　　　　　(6) $\overrightarrow{FD}$

64

SPIRAL B

*84 四角錐 OABCD において，底面 ABCD が平行四辺形であるとき，次の問いに答えよ。

(1) $\overrightarrow{AD}$ を $\overrightarrow{OB}$, $\overrightarrow{OC}$ で表せ。

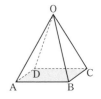

(2) $\overrightarrow{OD}$ を $\overrightarrow{OA}$, $\overrightarrow{OB}$, $\overrightarrow{OC}$ で表せ。

85 右の図のような OH = 3, OJ = 4, OK = 2 である直方体 OHIJ-KLMN において，辺 OH, OJ, OK上にそれぞれ点 A，B，C を OA = OB = OC = 1 となるようにとる。

$\overrightarrow{OA} = \vec{a}$, $\overrightarrow{OB} = \vec{b}$, $\overrightarrow{OC} = \vec{c}$

とするとき，$\overrightarrow{OI}$, $\overrightarrow{OM}$, $\overrightarrow{HN}$ を $\vec{a}$, $\vec{b}$, $\vec{c}$ で表せ。

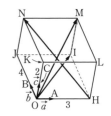

ベクトルの分解

例題 8 直方体 ABCD-EFGH において，次の等式が成り立つことを示せ。
$$\overrightarrow{AG} + \overrightarrow{BH} + \overrightarrow{CE} + \overrightarrow{DF} = 4\overrightarrow{AE}$$

証明
$$\overrightarrow{AG} = \overrightarrow{AB} + \overrightarrow{BC} + \overrightarrow{CG} = \overrightarrow{AB} + \overrightarrow{AD} + \overrightarrow{AE}$$
$$\overrightarrow{BH} = \overrightarrow{BA} + \overrightarrow{AD} + \overrightarrow{DH} = -\overrightarrow{AB} + \overrightarrow{AD} + \overrightarrow{AE}$$
$$\overrightarrow{CE} = \overrightarrow{CD} + \overrightarrow{DA} + \overrightarrow{AE} = -\overrightarrow{AB} - \overrightarrow{AD} + \overrightarrow{AE}$$
$$\overrightarrow{DF} = \overrightarrow{DA} + \overrightarrow{AB} + \overrightarrow{BF} = -\overrightarrow{AD} + \overrightarrow{AB} + \overrightarrow{AE}$$
よって
$$\overrightarrow{AG} + \overrightarrow{BH} + \overrightarrow{CE} + \overrightarrow{DF} = (\overrightarrow{AB} + \overrightarrow{AD} + \overrightarrow{AE}) + (-\overrightarrow{AB} + \overrightarrow{AD} + \overrightarrow{AE})$$
$$+ (-\overrightarrow{AB} - \overrightarrow{AD} + \overrightarrow{AE}) + (-\overrightarrow{AD} + \overrightarrow{AB} + \overrightarrow{AE}) = 4\overrightarrow{AE}$$
すなわち $\overrightarrow{AG} + \overrightarrow{BH} + \overrightarrow{CE} + \overrightarrow{DF} = 4\overrightarrow{AE}$ が成り立つ。 **終**

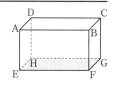

86 直方体 ABCD-EFGH において，次の等式が成り立つことを示せ。

(1) $\overrightarrow{AB} + \overrightarrow{DC} = \overrightarrow{AC} + \overrightarrow{DB}$

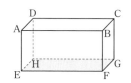

(2) $\overrightarrow{AG} - \overrightarrow{BH} = \overrightarrow{DF} - \overrightarrow{CE}$

66

空間のベクトル(2)

SPIRAL A

*87 2つのベクトル $\vec{a} = (2,\ -3,\ 1)$, $\vec{b} = (x+1,\ -y+2,\ z-3)$ について，$\vec{a} = \vec{b}$ のとき，x, y, z の値を求めよ。　　　　　　　　　　　　▶教 p.51 例6

*88 次のベクトルの大きさを求めよ。　　　　　　　　　　　　▶教 p.52 例7
(1) $\vec{a} = (2,\ 2,\ -1)$

(2) $\vec{b} = (-3,\ 5,\ 4)$

(3) $\vec{c} = (1,\ \sqrt{2},\ \sqrt{3})$

*89 $\vec{a} = (2, -3, 4)$, $\vec{b} = (-2, 3, 1)$ のとき，次のベクトルを成分表示せよ。　▶教 p.52 例8

(1) $4\vec{a}$

(2) $-\vec{b}$

(3) $\vec{a} + 2\vec{b}$

(4) $\vec{a} - 3\vec{b}$

(5) $3(\vec{a} - 2\vec{b}) - (2\vec{a} - 5\vec{b})$

*90　$\vec{a} = (4,\ -3,\ 2)$ と $\vec{b} = (x,\ y,\ 5)$ が平行になるような $x,\ y$ の値を求めよ。

*91　次の2点 A, B について，$\overrightarrow{AB}$ を成分表示せよ。また，$|\overrightarrow{AB}|$ を求めよ。　▶教 p.53 例9

(1)　A(5, -1, -6), B(2, 1, 2)

(2) A(3, 2, 1), B(1, 1, 1)

(3) A(0, 3, −1), B(−2, −1, −4)

*92 3点 A(1, −1, 1), B(2, 1, −1), C(4, −1, 5) がある。四角形 ABCD が平行四辺形となるとき，点 D の座標を求めよ。

93 $\vec{a} = (x, y, -3)$, $\vec{b} = (1, 2, z)$ のとき，$\vec{a} - 3\vec{b} = \vec{0}$ が成り立つように x, y, z の値を定めよ。

94 $\vec{a} = (s,\ s-1,\ 3s-1)$ と $\vec{b} = (t-1,\ t-3,\ 4)$ が平行になるような $s,\ t$ の値を求めよ。

95 $\vec{a} = (2,\ -2,\ 1),\ \vec{b} = (x,\ -4,\ 3)$ について，$|\vec{a}+\vec{b}| = |2\vec{a}-\vec{b}|$ が成り立つとき，x の値を求めよ。

96 $\vec{a} = (2,\ -2,\ 1)$ のとき，$\vec{a}$ と同じ向きの単位ベクトルを成分で表せ。

*97 $\vec{a} = (x,\ x-4,\ 4)$ について，$|\vec{a}|$ の値が最小となるように x の値を定めよ。また，そのときの $|\vec{a}|$ の値を求めよ。

98 $\vec{a} = (3,\ -4,\ 1),\ \vec{b} = (-1,\ 2,\ 2)$ とする。t がすべての実数をとって変化するとき，$|\vec{a} + t\vec{b}|$ の最小値とそのときの t の値を求めよ。

例題 9	$\vec{a} = (4,\ 1,\ 0),\ \vec{b} = (2,\ -3,\ 3),\ \vec{c} = (0,\ 1,\ -2)$ とするとき, $\vec{p} = (4,\ 3,\ 4)$ を $l\vec{a} + m\vec{b} + n\vec{c}$ の形で表せ。
解	$l\vec{a} + m\vec{b} + n\vec{c} = l(4,\ 1,\ 0) + m(2,\ -3,\ 3) + n(0,\ 1,\ -2)$ $\qquad\qquad\qquad = (4l+2m,\ l-3m+n,\ 3m-2n)$ $\vec{p} = l\vec{a} + m\vec{b} + n\vec{c}$ より $\quad 4l+2m=4,\ l-3m+n=3,\ 3m-2n=4$ これを解くと $\quad l=2,\ m=-2,\ n=-5$ よって $\quad \vec{p} = 2\vec{a} - 2\vec{b} - 5\vec{c}$ 答

99 $\vec{a} = (3,\ -2,\ 1),\ \vec{b} = (-1,\ 2,\ 0),\ \vec{c} = (1,\ 1,\ 2)$ とするとき, $\vec{p} = (8,\ -3,\ 7)$ を $l\vec{a} + m\vec{b} + n\vec{c}$ の形で表せ。

3 ベクトルの内積

100 1辺の長さが2の立方体 ABCD-EFGH において，次の内積を求めよ。

▶教p.54例10

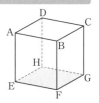

(1) $\overrightarrow{AB} \cdot \overrightarrow{AC}$

(2) $\overrightarrow{AB} \cdot \overrightarrow{CG}$

(3) $\overrightarrow{AC} \cdot \overrightarrow{CF}$

*101 次のベクトル $\vec{a}$, $\vec{b}$ について，内積 $\vec{a} \cdot \vec{b}$ を求めよ。　　　　　▶教p.55例11

(1) $\vec{a} = (1, 2, -3)$, $\vec{b} = (5, 4, 3)$

(2) $\vec{a} = (3, -2, 1)$, $\vec{b} = (4, -5, -7)$

*102 次の 2 つのベクトル $\vec{a}$ と $\vec{b}$ のなす角 θ を求めよ。 ▶教 p.55 例題1

(1) $\vec{a} = (4, \ -1, \ -1)$, $\vec{b} = (2, \ 1, \ -2)$

(2) $\vec{a} = (1, \ -2, \ 2)$, $\vec{b} = (-1, \ 1, \ 0)$

(3) $\vec{a} = (1, \ -3, \ 5), \ \vec{b} = (7, \ 4, \ 1)$

*103 $\vec{a} = (1, \ 2, \ -1), \ \vec{b} = (x, \ 1, \ 3)$ が垂直となるような x の値を求めよ。　　▶️教p.56例12

SPIRAL B

*104 3点 A$(1,\ 0,\ -4)$, B$(2,\ 1,\ -2)$, C$(0,\ 2,\ -3)$ を頂点とする △ABC について, 次の問いに答えよ。

(1) 内積 $\overrightarrow{AB} \cdot \overrightarrow{AC}$ を求めよ。

(2) ∠BAC の大きさを求めよ。

(3) △ABC の面積を求めよ。

105 1辺の長さが a の正四面体 ABCD において，辺 BC の中点を M とするとき，次の問いに答えよ。

(1) 内積 $\overrightarrow{\mathrm{AD}} \cdot \overrightarrow{\mathrm{AM}}$ を求めよ。

(2) $\angle \mathrm{DAM} = \theta$ とするとき，$\cos\theta$ の値を求めよ。

106 $\vec{a} = (x,\ y,\ 2),\ \vec{b} = (3,\ -6,\ 0)$ のとき, $\vec{a} \perp \vec{b},\ |\vec{a}| = 3$ となるように $x,\ y$ の値を定めよ。

*107 2つのベクトル $\vec{a} = (2,\ -2,\ 1),\ \vec{b} = (2,\ 3,\ -4)$ の両方に垂直で, 大きさが3であるベクトルを求めよ。 ▶教 p.56 応用例題1

108　3つのベクトル $\vec{a} = (x,\ 1,\ -2),\ \vec{b} = (-1,\ y,\ -4),\ \vec{c} = (1,\ -1,\ z)$
が互いに垂直となるように，$x,\ y,\ z$ の値を定めよ。

109　$|\vec{a}| = 1,\ |\vec{b}| = 2$ で，$\vec{a} + 2\vec{b}$ と $3\vec{a} - \vec{b}$ が垂直となるとき，2つのベクトル $\vec{a}$ と $\vec{b}$ のなす角 θ を求めよ。

▶教 p.67章末1

∴4 位置ベクトルと空間の図形(1)

SPIRAL A

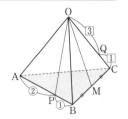

*110 四面体 OABC において，辺 AB を 2 : 1 に内分する点を P，辺 OC を 3 : 1 に内分する点を Q，辺 BC の中点を M とする。点 O を基準とする A，B，C の位置ベクトルをそれぞれ $\vec{a}$，$\vec{b}$，$\vec{c}$ として，次のベクトルを $\vec{a}$，$\vec{b}$，$\vec{c}$ で表せ。　　　　　▶教 p.58 例13

(1) $\overrightarrow{MP}$

(2) $\overrightarrow{MQ}$　　　　　　　　　　　(3) $\overrightarrow{PQ}$

*111　3 点 A(1, −3, 7)，B(−5, 9, 1)，C(1, 3, −2) に対して，△ABC の重心を G とするとき，$\overrightarrow{OG}$ を成分表示せよ。　　　　　▶教 p.58

*112 2点 A$(1,\ 2,\ -2)$, B$(8,\ -5,\ 5)$ を結ぶ線分 AB に対して，次の各点の座標を求めよ。

▶教p.59例14

(1) 線分 AB を $4:3$ に内分する点 P

(2) 線分 AB を $3:4$ に内分する点 Q

(3) 線分 AB を $4:3$ に外分する点 R

SPIRAL B

113 3点 A(2, 3, 4), B(3, −2, 1), C(x, y, 5) が一直線上にあるように, x, yの値を定めよ。

114 四面体 OABC において, △ABC の重心を G, 辺 OA, BC の中点をそれぞれ M, N とする。$\overrightarrow{OA} = \vec{a}$, $\overrightarrow{OB} = \vec{b}$, $\overrightarrow{OC} = \vec{c}$ として, 次のベクトルを $\vec{a}$, $\vec{b}$, $\vec{c}$ で表せ。　　　　　▶教p.58例13

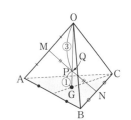

(1) 線分 MN の中点を P とするとき, $\overrightarrow{OP}$

(2) 線分 OG を 3 : 1 に内分する点を Q とするとき, $\overrightarrow{OQ}$

115 平行六面体 ABCD-EFGH において，△BDE の重心を P，線分 AE の中点を M とするとき，3 点 M，P，C は一直線上にあり，MP：PC ＝ 1：2 であることを証明せよ。 ▶教 p.60 応用例題2

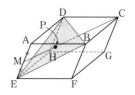

例題
10
2点 A(2, −1, 1),B(6, −5, 2)および xy 平面上の点Pが一直線上にあるとき,点Pの座標を求めよ。

考え方 Pは xy 平面上にあるから,P(x, y, 0)とおける。ここで,$\overrightarrow{\mathrm{AP}} = k\overrightarrow{\mathrm{AB}}$ となる実数 k を用いて,x, y を求める。

解 点Pは xy 平面上にあるから,P(x, y, 0)とおける。3点 A,B,P は一直線上にあるから,$\overrightarrow{\mathrm{AP}} = k\overrightarrow{\mathrm{AB}}$ となる実数 k がある。ここで
$$\overrightarrow{\mathrm{AP}} = (x-2,\ y+1,\ -1),\quad \overrightarrow{\mathrm{AB}} = (4,\ -4,\ 1)$$
であるから
$$(x-2,\ y+1,\ -1) = k(4,\ -4,\ 1)$$
$$x-2 = 4k,\quad y+1 = -4k,\quad -1 = k$$
より $k = -1$, $x = -2$, $y = 3$
よって **P(-2, 3, 0)** 答

116 2点 A(1, −2, −1),B(2, 1, −3)および yz 平面上の点Pが一直線上にあるとき,点Pの座標を求めよ。

*117 $\overrightarrow{\mathrm{AP}} = (x, \ 3, \ -5)$, $\overrightarrow{\mathrm{AB}} = (-2, \ 1, \ -3)$, $\overrightarrow{\mathrm{AC}} = (3, \ 0, \ 2)$ に対して，
$\overrightarrow{\mathrm{AP}} = m\overrightarrow{\mathrm{AB}} + n\overrightarrow{\mathrm{AC}}$ となる実数 m, n の値を求めよ。また，このときの x の値を求めよ。

*118 点 P$(x, \ -3, \ 8)$ が 3 点 A$(2, \ 0, \ 3)$，B$(1, \ 3, \ -1)$，C$(-3, \ 1, \ 2)$ と同じ平面上にあるとき，x の値を求めよ。 ▶教p.61 応用例題3

SPIRAL C

例題 11

3点が定める平面上の位置ベクトル

直方体 OADB-CEGF において，辺 EG を 2:1 に内分する点Hをとり，直線 OH と平面 ABC の交点をLとする。このとき，$\overrightarrow{OL}$ を $\overrightarrow{OA}$, $\overrightarrow{OB}$, $\overrightarrow{OC}$ を用いて表せ。

▶教 p.69 思考力➕発展

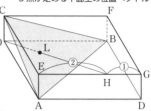

考え方 点 L が平面 ABC 上にある
$\iff \overrightarrow{OL} = r\overrightarrow{OA} + s\overrightarrow{OB} + t\overrightarrow{OC}$, $r+s+t=1$ となる実数 r, s, t がある。

解
$$\overrightarrow{OH} = \overrightarrow{OA} + \overrightarrow{AE} + \overrightarrow{EH}$$
$$= \overrightarrow{OA} + \overrightarrow{OC} + \frac{2}{3}\overrightarrow{OB}$$

点Lは直線 OH 上にあるから，$\overrightarrow{OL} = k\overrightarrow{OH}$ となる実数 k がある。

よって $\overrightarrow{OL} = k\left(\overrightarrow{OA} + \frac{2}{3}\overrightarrow{OB} + \overrightarrow{OC}\right) = k\overrightarrow{OA} + \frac{2}{3}k\overrightarrow{OB} + k\overrightarrow{OC}$ ……①

ここで，L は平面 ABC 上にあるから

$$k + \frac{2}{3}k + k = 1$$

これを解いて $k = \frac{3}{8}$

したがって，①より $\overrightarrow{OL} = \frac{3}{8}\overrightarrow{OA} + \frac{1}{4}\overrightarrow{OB} + \frac{3}{8}\overrightarrow{OC}$ 答

119 直方体 OADB-CEGF において，辺 DG の G の側への延長上に GH = 2DG となる点Hをとり，直線 OH と平面 ABC の交点をLとする。このとき，$\overrightarrow{OL}$ を $\overrightarrow{OA}$, $\overrightarrow{OB}$, $\overrightarrow{OC}$ を用いて表せ。

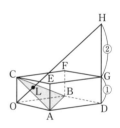

*120 正四面体 OABC において，△ABC の重心を G とする。このとき，

$$OG \perp AB, \quad OG \perp AC$$

であることをベクトルを用いて証明せよ。　　　　　　　▶教 p.62 応用例題4

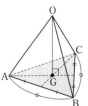

例題 12

1辺の長さが1の正四面体 OABC において，辺 AB を 2：1 に内分する点を P，辺 OC を 3：1 に内分する点を Q とする。次の値を求めよ。

(1) $|\overrightarrow{OP}|$

(2) $\overrightarrow{OP} \cdot \overrightarrow{OQ}$

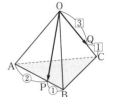

解 $\overrightarrow{OA} = \vec{a}$, $\overrightarrow{OB} = \vec{b}$, $\overrightarrow{OC} = \vec{c}$ とおくと

$|\vec{a}| = |\vec{b}| = |\vec{c}| = 1$,

$\vec{a} \cdot \vec{b} = \vec{b} \cdot \vec{c} = \vec{c} \cdot \vec{a} = 1 \cdot 1 \cos 60° = \dfrac{1}{2}$

(1) $\overrightarrow{OP} = \dfrac{\vec{a} + 2\vec{b}}{3}$ であるから

$|\overrightarrow{OP}|^2 = \dfrac{|\vec{a} + 2\vec{b}|^2}{3^2} = \dfrac{(\vec{a} + 2\vec{b}) \cdot (\vec{a} + 2\vec{b})}{9}$

$\qquad = \dfrac{1}{9}(|\vec{a}|^2 + 4\vec{a} \cdot \vec{b} + 4|\vec{b}|^2)$

$\qquad = \dfrac{1}{9}\left(1^2 + 4 \times \dfrac{1}{2} + 4 \times 1^2\right) = \dfrac{7}{9}$

よって $|\overrightarrow{OP}| = \dfrac{\sqrt{7}}{3}$ **答**

(2) $\overrightarrow{OP} \cdot \overrightarrow{OQ} = \dfrac{\vec{a} + 2\vec{b}}{3} \cdot \dfrac{3}{4}\vec{c} = \dfrac{1}{4}(\vec{a} \cdot \vec{c} + 2\vec{b} \cdot \vec{c})$

$\qquad = \dfrac{1}{4}\left(\dfrac{1}{2} + 2 \times \dfrac{1}{2}\right) = \dfrac{3}{8}$

よって $\overrightarrow{OP} \cdot \overrightarrow{OQ} = \dfrac{3}{8}$ **答**

121 1辺の長さが2の正四面体 OABC において，辺 AB の中点を M，辺 BC の中点を N とする。次の値を求めよ。

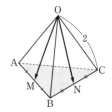

(1) $\overrightarrow{\mathrm{OM}} \cdot \overrightarrow{\mathrm{ON}}$

(2) $\angle \mathrm{MON} = \theta$ とするとき，$\cos\theta$

92

—内積の利用[2]

例題 13

2点 A$(-1,\ 1,\ -5)$, B$(-4,\ 4,\ 7)$ を通る直線 l に，原点 O から垂線 OH を引く。このとき，点 H の座標を求めよ。

考え方 点 H が直線 AB 上の点であることより，$\overrightarrow{\mathrm{AH}} = k\overrightarrow{\mathrm{AB}}$ となる実数 k がある。
また，OH ⊥ AB より $\overrightarrow{\mathrm{OH}} \cdot \overrightarrow{\mathrm{AB}} = 0$

解

点 H$(x,\ y,\ z)$ とする。
点 H は直線 AB 上の点であるから，$\overrightarrow{\mathrm{AH}} = k\overrightarrow{\mathrm{AB}}$ となる実数 k がある。
$$\overrightarrow{\mathrm{AB}} = (-3,\ 3,\ 12),\ \overrightarrow{\mathrm{AH}} = (x+1,\ y-1,\ z+5)$$
であるから
$$(x+1,\ y-1,\ z+5) = k(-3,\ 3,\ 12)$$
ゆえに
$$x+1 = -3k,\ y-1 = 3k,\ z+5 = 12k\ \text{より}$$
$$x = -3k-1,\ y = 3k+1,\ z = 12k-5\ \cdots\cdots①$$
また，OH ⊥ AB より $\overrightarrow{\mathrm{OH}} \cdot \overrightarrow{\mathrm{AB}} = 0$
$$\overrightarrow{\mathrm{OH}} = (x,\ y,\ z)$$
であるから
$$-3x + 3y + 12z = 0$$
$$x - y - 4z = 0 \qquad\qquad \cdots\cdots②$$
①を②に代入すると
$$(-3k-1) - (3k+1) - 4(12k-5) = 0$$
$$54k = 18$$
よって $k = \dfrac{1}{3}$

これを①に代入して $x = -2,\ y = 2,\ z = -1$
したがって，**H$(-2,\ 2,\ -1)$** 答

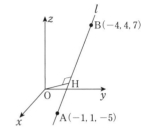

122 2点 A(2, 3, 4), B(−1, 6, −5) を通る直線 l に，原点 O から垂線 OH を引く。このとき，点 H の座標を求めよ。

4 位置ベクトルと空間の図形(2)

SPIRAL A

*__123__ 点 (2, 1, −4) を通り，次の平面に平行な平面の方程式をそれぞれ求めよ。　▶教p.63例15

(1) xy 平面　　　　　(2) yz 平面　　　　　(3) zx 平面

*124 次の球面の方程式を求めよ。 ▶教 p.64 例16

(1) 中心が点 $(2, 3, -1)$，半径が 4   (2) 中心が原点，半径が 5

(3) 中心が原点，点 $(1, -2, 2)$ を通る   (4) 中心が点 $(1, 4, -2)$，xy 平面に接する

125 2点 A$(5, 3, 2)$，B$(1, -1, -4)$ を直径の両端とする球面の方程式を求めよ。

▶教 p.65 例題2

SPIRAL B

126 点 $(3, -2, 1)$ を通り，次の軸に垂直な平面の方程式をそれぞれ求めよ。

*(1) x 軸   (2) y 軸   (3) z 軸

127 次の方程式で表される球面の中心の座標と半径を求めよ。

$$x^2 + y^2 + z^2 - 6x + 4y - 2z + 4 = 0$$

128 球面 $(x+2)^2 + (y-4)^2 + (z-1)^2 = 25$ が次の平面と交わってできる円の中心の座標と半径を求めよ。　　　　　　　　　　　　　▶敎 p.65 応用例題5

(1) zx 平面

(2) 平面 $x = 1$

解答

1 (1) ⑧　　(2) ②　　　(3) ①
(4) ⑦　　　　(5) ④　　(6) ⑥

2 (1) $\vec{a}$ と $\vec{f}$, $\vec{c}$ と $\vec{e}$
(2) $\vec{b}$ と $\vec{d}$

3

(1)
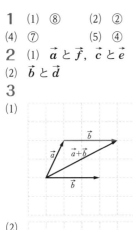

(2)
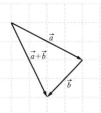

(3)
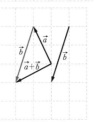

(4)
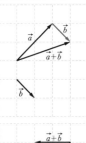

(5)
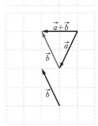

(6)
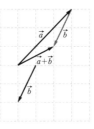

4

(1)
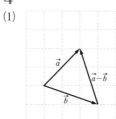

(2)
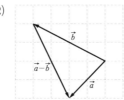

(3)
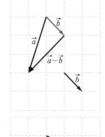

(4)
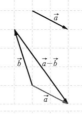

(5)
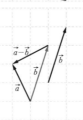

(6)

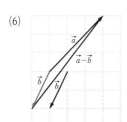

5

6 (1) $\vec{a}$ (2) $2\vec{a}-4\vec{b}$
(3) $7\vec{a}-6\vec{b}$ (4) $3\vec{a}+5\vec{b}$

7 $\vec{b}=2\vec{a}$, $\vec{c}=\dfrac{1}{2}\vec{a}$, $\vec{d}=-\dfrac{2}{3}\vec{a}$

8 (1) $-\dfrac{1}{2}\vec{b}$ (2) $\vec{a}+\vec{b}$

(3) $\vec{b}+\dfrac{1}{2}\vec{a}$ (4) $\vec{a}+\dfrac{1}{2}\vec{b}$

(5) $-\dfrac{1}{2}\vec{b}-\dfrac{1}{2}\vec{a}$ (6) $\dfrac{1}{2}\vec{b}-\dfrac{1}{2}\vec{a}$

9 (1) $\dfrac{1}{2}\vec{b}-\dfrac{1}{2}\vec{a}$ (2) $\dfrac{1}{2}\vec{a}+\dfrac{1}{2}\vec{b}$

(3) $-\dfrac{1}{2}\vec{a}+\vec{b}$ (4) $-\vec{a}+\dfrac{1}{2}\vec{b}$

(5) $\dfrac{1}{2}\vec{a}-\vec{b}$ (6) $-\vec{b}$

10 (1) $\dfrac{1}{2}\vec{a}-\dfrac{1}{2}\vec{b}$ (2) $-\dfrac{1}{2}\vec{a}-\dfrac{1}{2}\vec{b}$

(3) $\vec{b}+\dfrac{1}{2}\vec{a}$ (4) $\vec{b}-\dfrac{1}{2}\vec{a}$

(5) $\vec{a}$ (6) $\vec{a}-\dfrac{1}{2}\vec{b}$

11 (1) $\vec{a}+\vec{b}$ (2) $2\vec{a}$
(3) $\vec{b}-\vec{a}$ (4) $\vec{a}-\vec{b}$
(5) $2\vec{b}-\vec{a}$ (6) $\vec{b}-2\vec{a}$

12 (1) $x=-4$, $y=3$
(2) $x=3$, $y=2$
(3) $x=-2$, $y=2$
(4) $x=2$, $y=1$
(5) $x=1$, $y=-3$
(6) $x=-\dfrac{1}{3}$, $y=\dfrac{2}{3}$

13 (1) $x=9$
(2) $x=-\dfrac{3}{2}$

14 (1) $\vec{x}=\dfrac{3\vec{a}+2\vec{b}}{5}$, $\vec{y}=\dfrac{9\vec{a}-4\vec{b}}{5}$
(2) $\vec{x}=2\vec{a}-4\vec{b}$, $\vec{y}=\vec{a}-3\vec{b}$

15 (1) $-\dfrac{1}{2}\vec{a}$ (2) $\dfrac{1}{2}\vec{b}-\dfrac{1}{2}\vec{a}$

(3) $\vec{b}-\dfrac{3}{2}\vec{a}$ (4) $\vec{b}-2\vec{a}$

(5) $-\dfrac{1}{2}\vec{b}$ (6) $\dfrac{1}{2}\vec{b}-\vec{a}$

(7) $\dfrac{1}{2}\vec{a}+\dfrac{1}{2}\vec{b}$ (8) $\dfrac{3}{2}\vec{a}-\dfrac{1}{2}\vec{b}$

16 (1) $2\vec{a}$ (2) $\vec{b}-\vec{a}$
(3) $\vec{b}-2\vec{a}$ (4) $2\vec{b}-3\vec{a}$
(5) $3\vec{a}-2\vec{b}$ (6) $\vec{b}-3\vec{a}$

17 $\vec{a}=(1,\ 2)$, $|\vec{a}|=\sqrt{5}$
$\vec{b}=(-1,\ 3)$, $|\vec{b}|=\sqrt{10}$
$\vec{c}=(-3,\ 2)$, $|\vec{c}|=\sqrt{13}$
$\vec{d}=(-2,\ -4)$, $|\vec{d}|=2\sqrt{5}$
$\vec{e}=(2,\ 3)$, $|\vec{e}|=\sqrt{13}$
$\vec{f}=(4,\ -3)$, $|\vec{f}|=5$

18 (1) $(-9,\ 3)$ (2) $(-8,\ -4)$
(3) $(5,\ 5)$ (4) $(17,\ 1)$
(5) $(-11,\ 7)$ (6) $(-11,\ -3)$

19 (1) $x=\dfrac{1}{2}$ (2) $x=\dfrac{6}{5}$

20 $(6,\ 9)$, $(-6,\ -9)$

21 $\left(\dfrac{4}{5},\ -\dfrac{3}{5}\right)$

22 (1) $\vec{p}=-2\vec{a}+3\vec{b}$
(2) $\vec{p}=5\vec{a}+6\vec{b}$
(3) $\vec{p}=3\vec{a}-\vec{b}$

23 $\overrightarrow{AB}=(-3,\ 5)$
$|\overrightarrow{AB}|=\sqrt{34}$
$\overrightarrow{BC}=(-2,\ -3)$
$|\overrightarrow{BC}|=\sqrt{13}$
$\overrightarrow{CA}=(5,\ -2)$
$|\overrightarrow{CA}|=\sqrt{29}$

24 $x=5$, $y=2$
25 $x=3$, $y=2$
26 $(-2,\ 1)$
27 $x=2$, $y=1$
28 $t=3$
29 (i) 平行四辺形 ABCD のとき，$x=9,\ y=4$
(ii) 平行四辺形 ABDC のとき，$x=1,\ y=-8$
(iii) 平行四辺形 ADBC のとき，$x=-7,\ y=0$

30 $t=\dfrac{4}{13}$ のとき，最小値 $\dfrac{7\sqrt{13}}{13}$

31 (1) 2　　　　(2) $-\dfrac{5\sqrt{3}}{2}$

32 (1) $\sqrt{3}+3$

(2) $1+\sqrt{3}$

(3) $-1-\sqrt{3}$

33 (1) 6　(2) 23　(3) 0　(4) $4\sqrt{2}$

34 (1) $\theta=60°$　　(2) $\theta=90°$

35 (1) $\theta=135°$　　(2) $\theta=30°$

(3) $\theta=90°$　　　　(4) $\theta=120°$

36 (1) $x=\dfrac{2}{3}$　　(2) $x=\dfrac{9}{4}$

37 (1) $(\vec{a}+2\vec{b})\cdot(\vec{a}-2\vec{b})$
$=\vec{a}\cdot(\vec{a}-2\vec{b})+2\vec{b}\cdot(\vec{a}-2\vec{b})$
$=\vec{a}\cdot\vec{a}-2\vec{a}\cdot\vec{b}+2\vec{b}\cdot\vec{a}-4\vec{b}\cdot\vec{b}$
$=\vec{a}\cdot\vec{a}-4\vec{b}\cdot\vec{b}$
$=|\vec{a}|^2-4|\vec{b}|^2$
よって　$(\vec{a}+2\vec{b})\cdot(\vec{a}-2\vec{b})=|\vec{a}|^2-4|\vec{b}|^2$

(2) $|3\vec{a}+2\vec{b}|^2$
$=(3\vec{a}+2\vec{b})\cdot(3\vec{a}+2\vec{b})$
$=9\vec{a}\cdot\vec{a}+6\vec{a}\cdot\vec{b}+6\vec{b}\cdot\vec{a}+4\vec{b}\cdot\vec{b}$
$=9|\vec{a}|^2+12\vec{a}\cdot\vec{b}+4|\vec{b}|^2$
よって　$|3\vec{a}+2\vec{b}|^2=9|\vec{a}|^2+12\vec{a}\cdot\vec{b}+4|\vec{b}|^2$

38 (1) $x=\pm1$　　(2) $x=-1,\ -7$

39 $(\sqrt{6},\ -5\sqrt{3}),\ (-\sqrt{6},\ 5\sqrt{3})$

40 $\left(\dfrac{3}{5},\ \dfrac{4}{5}\right),\ \left(-\dfrac{3}{5},\ -\dfrac{4}{5}\right)$

41 (1) $\sqrt{6}$　　(2) $\sqrt{30}$

42 $5\sqrt{2}$

43 $\dfrac{5}{4}$

44 (1) $\theta=60°$　　(2) $\theta=90°$

45 $\dfrac{21}{4}$

46 $t=-\dfrac{3}{8}$

47 (1) $\dfrac{1}{5\sqrt{2}}$　　(2) $\dfrac{7}{2}$

48 (1) 5　　(2) 8

49 $\vec{p}=\dfrac{4\vec{a}+3\vec{b}}{7}$

$\vec{q}=\dfrac{-2\vec{a}+5\vec{b}}{3}$

50 $\vec{l}=\dfrac{3\vec{b}+\vec{c}}{4}$

$\vec{m}=\dfrac{3}{4}\vec{c}$

$\vec{n}=\dfrac{1}{4}\vec{b}$

51

52 (1) $x=-3$　　(2) $y=2$

53 (1) $\vec{l}=\dfrac{2\vec{b}+3\vec{c}}{5}$

$\vec{m}=\dfrac{2\vec{c}+3\vec{a}}{5}$

$\vec{n}=\dfrac{2\vec{a}+3\vec{b}}{5}$

(2) $\vec{g}=\dfrac{\vec{a}+\vec{b}+\vec{c}}{3}$

(3) $\overrightarrow{AL}+\overrightarrow{BM}+\overrightarrow{CN}$
$=(\vec{l}-\vec{a})+(\vec{m}-\vec{b})+(\vec{n}-\vec{c})$
$=\vec{l}+\vec{m}+\vec{n}-(\vec{a}+\vec{b}+\vec{c})$
$=\dfrac{2\vec{b}+3\vec{c}}{5}+\dfrac{2\vec{c}+3\vec{a}}{5}+\dfrac{2\vec{a}+3\vec{b}}{5}-(\vec{a}+\vec{b}+\vec{c})$
$=\vec{a}+\vec{b}+\vec{c}-(\vec{a}+\vec{b}+\vec{c})$
$=\vec{0}$
よって　$\overrightarrow{AL}+\overrightarrow{BM}+\overrightarrow{CN}=\vec{0}$

54 点Aを基準とする点B, Dの位置ベクトルを, それぞれ$\vec{b}$, $\vec{d}$とする。

このとき, 点P, Q, Rの位置ベクトルを, それぞれ $\vec{p}$, $\vec{q}$, $\vec{r}$として, これらを$\vec{b}$, $\vec{d}$で表すと

$\vec{p}=\dfrac{2}{3}\vec{b}$

$\vec{q}=\dfrac{1}{4}(\vec{b}+\vec{d})$

$\vec{r}=\dfrac{2}{5}\vec{d}$

よって
$\overrightarrow{PQ}=\vec{q}-\vec{p}$
$=\dfrac{1}{4}(\vec{b}+\vec{d})-\dfrac{2}{3}\vec{b}$
$=\dfrac{-5\vec{b}+3\vec{d}}{12}$ ……①

$\overrightarrow{PR}=\vec{r}-\vec{p}=\dfrac{2}{5}\vec{d}-\dfrac{2}{3}\vec{b}$
$=\dfrac{-10\vec{b}+6\vec{d}}{15}=\dfrac{2(-5\vec{b}+3\vec{d})}{15}$
$=\dfrac{8}{5}\times\dfrac{-5\vec{b}+3\vec{d}}{12}$

ゆえに, ①より　$\overrightarrow{PR}=\dfrac{8}{5}\overrightarrow{PQ}$

したがって, 3点P, Q, Rは一直線上にある。

55 点Aを基準とする点B, Cの位置ベクトルを, それぞれ$\vec{b}$, $\vec{c}$とする。

このとき, 点D, E, Fの位置ベクトルを, それぞれ

$\vec{d}$, $\vec{e}$, $\vec{f}$ として，これらを $\vec{b}$，$\vec{c}$ で表すと

$$\vec{d}=\frac{1}{3}\vec{b}$$

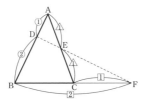

$$\vec{e}=\frac{1}{2}\vec{c}$$

$$\vec{f}=\frac{-\vec{b}+2\vec{c}}{2-1}$$

$$=2\vec{c}-\vec{b}$$

よって

$$\overrightarrow{DE}=\vec{e}-\vec{d}$$

$$=\frac{1}{2}\vec{c}-\frac{1}{3}\vec{b}$$

$$=\frac{-2\vec{b}+3\vec{c}}{6}\quad\cdots\cdots①$$

$$\overrightarrow{DF}=\vec{f}-\vec{d}$$

$$=(2\vec{c}-\vec{b})-\frac{1}{3}\vec{b}$$

$$=-\frac{4}{3}\vec{b}+2\vec{c}$$

$$=\frac{-4\vec{b}+6\vec{c}}{3}$$

$$=\frac{2(-2\vec{b}+3\vec{c})}{3}$$

$$=4\times\frac{-2\vec{b}+3\vec{c}}{6}$$

ゆえに，①より　　$\overrightarrow{DF}=4\overrightarrow{DE}$

したがって，3 点 D，E，F は一直線上にある。

56　$\overrightarrow{OP}=\dfrac{2}{5}\vec{a}+\dfrac{1}{5}\vec{b}$

57　$\overrightarrow{OP}=\dfrac{1}{3}\vec{a}+\dfrac{4}{9}\vec{b}$

58　$\overrightarrow{AB}=\vec{b}$，$\overrightarrow{AC}=\vec{c}$ とすると

∠BAC＝90° より　$\vec{b}\cdot\vec{c}=0$ $\cdots\cdots①$

$$\overrightarrow{AP}=\frac{\vec{b}+2\vec{c}}{3}$$

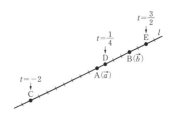

$$=\frac{1}{3}\vec{b}+\frac{2}{3}\vec{c}$$

$$\overrightarrow{BQ}=\overrightarrow{BA}+\overrightarrow{AQ}$$

$$=-\overrightarrow{AB}+\frac{1}{2}\overrightarrow{AC}$$

$$=-\vec{b}+\frac{1}{2}\vec{c}$$

$\overrightarrow{AP}\perp\overrightarrow{BQ}$ ならば　$\overrightarrow{AP}\cdot\overrightarrow{BQ}=0$ より

$$\left(\frac{1}{3}\vec{b}+\frac{2}{3}\vec{c}\right)\cdot\left(-\vec{b}+\frac{1}{2}\vec{c}\right)=0$$

$$-\frac{1}{3}|\vec{b}|^2-\frac{1}{2}\vec{b}\cdot\vec{c}+\frac{1}{3}|\vec{c}|^2=0$$

①より

$$-\frac{1}{3}|\vec{b}|^2+\frac{1}{3}|\vec{c}|^2=0$$

$$|\vec{b}|^2=|\vec{c}|^2$$

ゆえに，$|\vec{b}|=|\vec{c}|$ であるから　$|\overrightarrow{AB}|=|\overrightarrow{AC}|$

よって　　AB＝AC

したがって，AP⊥BQ ならば AB＝AC となる。

59　(1)　辺 BC を 4：3 に内分する点を D とする

とき，点 P は線分 AD を 7：2 に内分する点

(2)　**4：2：3**

60

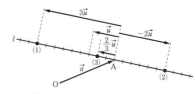

61　(1)　$\begin{cases} x=2-t \\ y=3+2t \end{cases}$

　　$y=-2x+7$

(2)　$\begin{cases} x=5+3t \\ y=-4t \end{cases}$

　　$y=-\dfrac{4}{3}x+\dfrac{20}{3}$

62

63　(1)　$3x+2y-14=0$

(2)　$(3,\ -4)$

64　(1)　中心の位置ベクトル　$-\vec{a}$

　　　　半径　**4**

(2)　中心の位置ベクトル　$\dfrac{1}{3}\vec{a}$

　　半径　**9**

65　$\begin{cases} x=4+2t \\ y=5+3t \end{cases}$

　　$y=\dfrac{3}{2}x-1$

66　(1)　**図の点 A を端点とする半直線 AB**

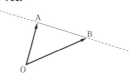

(2)　**図の線分 AB**

(3) 図の直線 A′B′

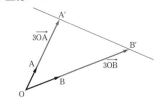

(4) 図の直線 A′B′

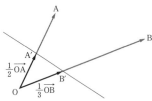

67 (1) $(\vec{p}-\vec{a})\cdot(\vec{p}-\vec{b})=0$

(2) $(x-4)^2+(y-7)^2=5$

68 図の O を端点とする 2 つの半直線 OP

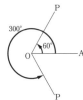

69 (1) AP⊥CA より $\overrightarrow{AP}\cdot\overrightarrow{CA}=0$

$\overrightarrow{AP}=\overrightarrow{CP}-\overrightarrow{CA}$ であるから

$(\overrightarrow{CP}-\overrightarrow{CA})\cdot\overrightarrow{CA}=0$

$\overrightarrow{CP}\cdot\overrightarrow{CA}-|\overrightarrow{CA}|^2=0$

$\overrightarrow{CP}\cdot\overrightarrow{CA}=|\overrightarrow{CA}|^2$

よって $(\vec{p}-\vec{c})\cdot(\vec{a}-\vec{c})=|\vec{a}-\vec{c}|^2$

(2) $y=\dfrac{3}{4}x+\dfrac{23}{4}$

70 図の △OA″B″ の周および内部

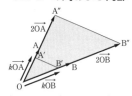

71 (1) Q(4, 3, −2) (2) R(−4, 3, 2)

(3) S(4, −3, 2) (4) T(4, −3, −2)

(5) U(−4, 3, −2) (6) V(−4, −3, 2)

(7) W(−4, −3, −2)

72 A(2, 0, 0), B(2, 3, 0), C(0, 3, 0),

  Q(0, 3, 4), R(0, 0, 4), S(2, 0, 4)

73 (1) $\sqrt{17}$ (2) 3

(3) $\sqrt{14}$ (4) $3\sqrt{5}$

74 (1) AB=$\sqrt{14}$ BC=$\sqrt{14}$

    CA=$3\sqrt{2}$

(2) AB=BC=$\sqrt{14}$ であるから

  △ABC は AB=BC の二等辺三角形である。

75 (1) BC=CA の二等辺三角形

(2) ∠A=90° の直角三角形

76 $x=4$

77 $\left(\dfrac{15}{2},\ 0,\ 0\right)$

78 $\left(\dfrac{8}{5},\ \dfrac{4}{5},\ 0\right)$

79 $k=\pm2\sqrt{2}$

80 $\left(\dfrac{4}{3},\ \dfrac{17}{3},\ -\dfrac{2}{3}\right)$

  または (4, 3, 2)

81 (1) $\overrightarrow{AD}$, $\overrightarrow{EH}$, $\overrightarrow{FG}$

(2) $\overrightarrow{CD}$, $\overrightarrow{BA}$, $\overrightarrow{FE}$

(3) $\overrightarrow{EG}$

(4) $\overrightarrow{CF}$

82 (1) $\overrightarrow{AC}+\overrightarrow{BF}=\overrightarrow{AC}+\overrightarrow{CG}$

         $=\overrightarrow{AG}$

  よって $\overrightarrow{AC}+\overrightarrow{BF}=\overrightarrow{AG}$

(2) $\overrightarrow{AG}-\overrightarrow{EH}=\overrightarrow{AG}-\overrightarrow{AD}$

       $=\overrightarrow{DG}$

       $=\overrightarrow{AF}$

  よって $\overrightarrow{AG}-\overrightarrow{EH}=\overrightarrow{AF}$

83 (1) $-\vec{a}+\vec{b}$ (2) $\vec{a}+\vec{c}$

(3) $-\vec{b}+\vec{c}$ (4) $\vec{a}+\vec{b}$

(5) $-\vec{a}+\vec{b}+\vec{c}$ (6) $-\vec{a}+\vec{b}-\vec{c}$

84 (1) $\overrightarrow{OC}-\overrightarrow{OB}$

(2) $\overrightarrow{OA}-\overrightarrow{OB}+\overrightarrow{OC}$

85 $\overrightarrow{OI}=3\vec{a}+4\vec{b}$

  $\overrightarrow{OM}=3\vec{a}+4\vec{b}+2\vec{c}$

  $\overrightarrow{HN}=-3\vec{a}+4\vec{b}+2\vec{c}$

86 (1) $\overrightarrow{AB}+\overrightarrow{DC}=2\overrightarrow{AB}$

  また

  $\overrightarrow{AC}+\overrightarrow{DB}=(\overrightarrow{AB}+\overrightarrow{AD})+(\overrightarrow{DA}+\overrightarrow{AB})$

      $=(\overrightarrow{AB}+\overrightarrow{AD})+(-\overrightarrow{AD}+\overrightarrow{AB})$

      $=2\overrightarrow{AB}$

  よって $\overrightarrow{AB}+\overrightarrow{DC}=\overrightarrow{AC}+\overrightarrow{DB}$

(2) $\overrightarrow{AG}-\overrightarrow{BH}$

  $=(\overrightarrow{AB}+\overrightarrow{BC}+\overrightarrow{CG})-(\overrightarrow{BA}+\overrightarrow{AD}+\overrightarrow{DH})$

  $=(\overrightarrow{AB}+\overrightarrow{AD}+\overrightarrow{AE})-(-\overrightarrow{AB}+\overrightarrow{AD}+\overrightarrow{AE})$

  $=2\overrightarrow{AB}$

  また

  $\overrightarrow{DF}-\overrightarrow{CE}$

  $=(\overrightarrow{DA}+\overrightarrow{AB}+\overrightarrow{BF})-(\overrightarrow{CB}+\overrightarrow{BA}+\overrightarrow{AE})$

  $=(-\overrightarrow{AD}+\overrightarrow{AB}+\overrightarrow{AE})-(-\overrightarrow{AD}-\overrightarrow{AB}+\overrightarrow{AE})$

$=2\overrightarrow{AB}$

よって $\overrightarrow{AG}-\overrightarrow{BH}=\overrightarrow{DF}-\overrightarrow{CE}$

87 $x=1,\ y=5,\ z=4$

88 (1) 3 (2) $5\sqrt{2}$ (3) $\sqrt{6}$

89 (1) $(8,\ -12,\ 16)$ (2) $(2,\ -3,\ -1)$

(3) $(-2,\ 3,\ 6)$ (4) $(8,\ -12,\ 1)$

(5) $(4,\ -6,\ 3)$

90 $x=10,\ y=-\dfrac{15}{2}$

91 (1) $\overrightarrow{AB}=(-3,\ 2,\ 8)$

$|\overrightarrow{AB}|=\sqrt{77}$

(2) $\overrightarrow{AB}=(-2,\ -1,\ 0)$

$|\overrightarrow{AB}|=\sqrt{5}$

(3) $\overrightarrow{AB}=(-2,\ -4,\ -3)$

$|\overrightarrow{AB}|=\sqrt{29}$

92 $(3,\ -3,\ 7)$

93 $x=3,\ y=6,\ z=-1$

94 $s=1,\ t=3$

95 $x=-\dfrac{13}{4}$

96 $\left(\dfrac{2}{3},\ -\dfrac{2}{3},\ \dfrac{1}{3}\right)$

97 $x=2$ のとき $|\vec{a}|$ は最小値 $2\sqrt{6}$

98 $t=1$ のとき，最小値 $\sqrt{17}$

99 $\vec{p}=\vec{a}-2\vec{b}+3\vec{c}$

100 (1) 4 (2) 0 (3) -4

101 (1) 4 (2) 15

102 (1) $\theta=45°$ (2) $\theta=135°$ (3) $\theta=90°$

103 $x=1$

104 (1) 3 (2) $60°$ (3) $\dfrac{3\sqrt{3}}{2}$

105 (1) $\dfrac{a^2}{2}$ (2) $\dfrac{\sqrt{3}}{3}$

106 $x=2,\ y=1$ または $x=-2,\ y=-1$

107 $(1,\ 2,\ 2),\ (-1,\ -2,\ -2)$

108 $x=3,\ y=-5,\ z=1$

109 $\theta=60°$

110 (1) $\dfrac{1}{3}\vec{a}+\dfrac{1}{6}\vec{b}-\dfrac{1}{2}\vec{c}$

(2) $-\dfrac{1}{2}\vec{b}+\dfrac{1}{4}\vec{c}$

(3) $-\dfrac{1}{3}\vec{a}-\dfrac{2}{3}\vec{b}+\dfrac{3}{4}\vec{c}$

111 $(-1,\ 3,\ 2)$

112 (1) $P(5,\ -2,\ 2)$

(2) $Q(4,\ -1,\ 1)$

(3) $R(29,\ -26,\ 26)$

113 $x=\dfrac{5}{3},\ y=\dfrac{14}{3}$

114 (1) $\dfrac{\vec{a}+\vec{b}+\vec{c}}{4}$

(2) $\dfrac{\vec{a}+\vec{b}+\vec{c}}{4}$

115 $\overrightarrow{AB}=\vec{b},\ \overrightarrow{AD}=\vec{d},\ \overrightarrow{AE}=\vec{e}$ とすると

$\overrightarrow{AC}=\vec{b}+\vec{d}$

$\overrightarrow{AP}=\dfrac{1}{3}(\vec{b}+\vec{d}+\vec{e})$

$\overrightarrow{AM}=\dfrac{1}{2}\vec{e}$ より

$\overrightarrow{MP}=\overrightarrow{AP}-\overrightarrow{AM}=\dfrac{1}{3}(\vec{b}+\vec{d}+\vec{e})-\dfrac{1}{2}\vec{e}$

$=\dfrac{1}{6}(2\vec{b}+2\vec{d}-\vec{e})$

$\overrightarrow{MC}=\overrightarrow{AC}-\overrightarrow{AM}=\vec{b}+\vec{d}-\dfrac{1}{2}\vec{e}$

$=\dfrac{1}{2}(2\vec{b}+2\vec{d}-\vec{e})$

よって $\overrightarrow{MC}=3\overrightarrow{MP}$

したがって，3点 M，P，C は一直線上にある。

また，MP：MC＝1：3 より

MP：PC＝MP：(MC−MP)

$=1:2$

である。

116 $P(0,\ -5,\ 1)$

117 $m=3,\ n=2,\ x=0$

118 $x=-11$

119 $\overrightarrow{OL}=\dfrac{1}{5}\overrightarrow{OA}+\dfrac{1}{5}\overrightarrow{OB}+\dfrac{3}{5}\overrightarrow{OC}$

120 $\overrightarrow{OA}=\vec{a},\ \overrightarrow{OB}=\vec{b},\ \overrightarrow{OC}=\vec{c},$

$|\vec{a}|=|\vec{b}|=|\vec{c}|=d$ とすると

$\vec{a}\cdot\vec{b}=\vec{b}\cdot\vec{c}=\vec{c}\cdot\vec{a}=d^2\cos 60°=\dfrac{d^2}{2}$

また，点Gは△ABCの重心であるから，

$\overrightarrow{OG}=\dfrac{\overrightarrow{OA}+\overrightarrow{OB}+\overrightarrow{OC}}{3}=\dfrac{\vec{a}+\vec{b}+\vec{c}}{3}$ より

$\overrightarrow{OG}\cdot\overrightarrow{AB}=\dfrac{\vec{a}+\vec{b}+\vec{c}}{3}\cdot(\vec{b}-\vec{a})$

$=\dfrac{1}{3}(-\vec{a}\cdot\vec{a}+\vec{b}\cdot\vec{b}+\vec{b}\cdot\vec{c}-\vec{c}\cdot\vec{a})$

$=\dfrac{1}{3}\left(-d^2+d^2+\dfrac{d^2}{2}-\dfrac{d^2}{2}\right)$

$=0$

すなわち $\overrightarrow{OG}\cdot\overrightarrow{AB}=0$

ここで，$\overrightarrow{OG}\neq\vec{0},\ \overrightarrow{AB}\neq\vec{0}$ であるから

OG⊥AB

また

102

$$\overrightarrow{\mathrm{OG}}\cdot\overrightarrow{\mathrm{AC}}=\frac{\vec{a}+\vec{b}+\vec{c}}{3}\cdot(\vec{c}-\vec{a})$$

$$=\frac{1}{3}(-\vec{a}\cdot\vec{a}+\vec{b}\cdot\vec{c}-\vec{b}\cdot\vec{a}+\vec{c}\cdot\vec{c})$$

$$=\frac{1}{3}\left(-d^2+\frac{d^2}{2}-\frac{d^2}{2}+d^2\right)$$

$$=0$$

すなわち $\overrightarrow{\mathrm{OG}}\cdot\overrightarrow{\mathrm{AC}}=0$

ここで, $\overrightarrow{\mathrm{OG}}\neq\vec{0}$, $\overrightarrow{\mathrm{AC}}\neq\vec{0}$ であるから OG⊥AC

121 (1) $\dfrac{5}{2}$　(2) $\dfrac{5}{6}$

122 H(1, 4, 1)

123 (1) $z=-4$ (2) $x=2$ (3) $y=1$

124 (1) $(x-2)^2+(y-3)^2+(z+1)^2=16$

(2) $x^2+y^2+z^2=25$

(3) $x^2+y^2+z^2=9$

(4) $(x-1)^2+(y-4)^2+(z+2)^2=4$

125 $(x-3)^2+(y-1)^2+(z+1)^2=17$

126 (1) $x=3$ (2) $y=-2$ (3) $z=1$

127 中心の座標は (3, −2, 1)

半径は $\sqrt{10}$

128 (1) 円の中心は (−2, 0, 1), 半径は 3

(2) 円の中心は (1, 4, 1), 半径は 4

スパイラル数学C学習ノート
ベクトル

●編　者　実教出版編修部

●発行者　小田　良次

●印刷所　寿印刷株式会社

●発行所　実教出版株式会社

〒102-8377
東京都千代田区五番町5
電話＜営業＞(03)3238-7777
　　＜編修＞(03)3238-7785
　　＜総務＞(03)3238-7700
https://www.jikkyo.co.jp/

002402023　　　　　　　ISBN 978-4-407-35679-3